步印
地理

小猛犸童书

U0163405

有趣的
地理知识
又增加了

这就是地震

郑利强 / 主编　蔡志燕 / 著　段虹 梁顺子 杨洁 / 绘

电子工业出版社
Publishing House of Electronics Industry
北京·BEIJING

前言

　　《有趣的地理知识又增加了》丛书为地理科普读物，面向儿童介绍了地图、山脉、地形、地震、河流、火山、方位与方向等地理相关知识，插图精美、内容丰富，逻辑性强。该套丛书深入浅出，以儿童的视知觉为基点，充满童趣的漫画角色将枯燥、深奥的地理学科专业知识架构逐一呈现，循序渐进。此外，书中以游戏提问的方式，引导儿童带着问题阅读，具有较强的启发性，利于小读者增加对地理学科的兴趣，提升其自学能力及探索精神，这是一套非常适合学龄儿童的科普游戏读本。

西南大学 地理科学学院教授 **杨平恒**

你一定见过物理化学的实验，但你听说过用地理知识来做的游戏吗？这也我第一次见到，有人居然将有趣的游戏与地理知识巧妙地融合在一起。作者大胆的奇思妙想结合有趣的画风，把平时看似枯燥的地理知识用一个接一个的小游戏表达出来，让人看过之后，欲罢不能。本书真正从儿童互动式的游戏角度，完成了地理这门通识类学科从高高在上的学科知识到儿童启蒙的真正跨越，令人大开眼界。从一个读者的角度来看，不得叹服作者的神来之笔。是一套值得推荐给小朋友的真正佳作。

全网百万粉丝地理学习短视频博主
"小郭老师讲地理"创作者 郭帅

地理学是一门包罗万象的学科。日月星辰、风雨雷电、江河湖海、山石水土……我们身边的各种自然现象与环境，都是地理学所关注的对象，也都和我们的生活密不可分。《有趣的地理知识又增加了》系列共八册，对8个最具代表性的地理主题进行了有趣而深入的解读。书中文字生动而准确，绘图精细而有趣，图文巧妙结合，将深奥的地理知识以最适合孩子的方式呈现出来。特别设计的问答环节更能激起孩子的求知欲与好奇心。相信这套书能带领小读者走进地理的世界，获得丰富的知识，掌握地理的技能，更享受到地理的趣味与探索未知的快乐。

山原猫探索联合创始人 北京四中原地理教师
朱岩

小步和他的朋友们

小伙伴们大家好！我是你们的老朋友——小步，我是一只很多人都看不出来的小青蛙，呱~

这是我们的班主任绵羊老师，她年轻又漂亮。

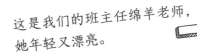

这是我们的猫头鹰老师，他睿智又博学。

这次我还带来了一些新朋友。以后我们可以一起去玩耍、游戏、探险！

大家好！我就是超级无敌可爱的龟宝宝，我的壳一点儿都不重，哈哈！不信，我转个圈给你们看。

嘿嘿，我就是无人不识、无人不爱的"国民宝贝"大熊猫，其实我一点儿都不肥，我健步如飞。

呃……到我了……我是考拉，我是从外国来的，我还有一个名字，叫树袋熊。我……我爱睡觉，不爱喝水，不过，这是不对的，你们……你们可别学我，嗯……很高兴认识你们。

哈哈，我是头上有犄角的小鹿呀，我今年 8 岁，是东北那旮瘩的，所以，没事儿别老瞅我。

大家好！我是黑夜精灵——蝙蝠大侠，我昼伏夜出，所以你们很少见到我，请珍惜和我见面的每一次机会吧，放心，我不会伤害你们的。

咳咳，你们好！我是站得高所以看得远的鸵鸟哥哥，请注意我的性别，我可不会下蛋，你们就别惦记啦。望远镜倒是可以借你们用用，先到先得哦！

大家好！我是小鳄鱼，你们不要怕，其实我也是一个宝宝，我虽然长得丑，但是我很"温柔"。我爷爷的爷爷的爷爷的爷爷的爷爷，就已经在地球上生活了，比人类朋友还早。

终于轮到我了，我是大耳朵长鼻子的小象，我是小伙伴们的游戏宝库，就数我点子最多，快来找我玩吧！

目 录
CONTENTS

大地的波动

地震很远吗？

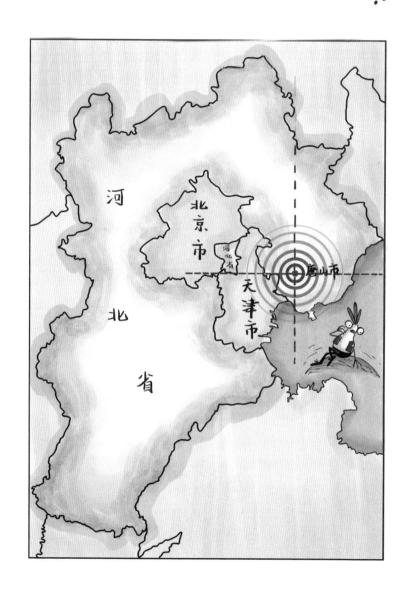

周末，小步去河北省唐山市的舅舅家玩。不料唐山市发生了5.1级地震，将大家从睡梦中震醒。小步从没想到地震会离自己这么近，而他却对地震一无所知。万幸，这次地震并不严重，认识地震、学习如何躲避地震灾难都还不晚。

1976年7月
28
星期三

舅舅说，1976年唐山市曾发生过一次里氏7.8级的大地震，短短23秒，就将整个唐山市夷为平地，造成24万人死亡。

大地震之前，唐山市的房屋大都是没有加固的砖石房，经不起晃动，地震中很多人死于房屋倒塌。地震之后，政府开始严格规范房屋选址、结构设计、建材选用等，为的是让房屋具备更强的抗震能力。

这里不行！地下有大量的沙子，会让房屋下沉的。

这样不行！砖墙上要加一圈钢筋混凝土才稳固。

海神的愤怒

回到学校，小步向猫头鹰老师请教，地震到底是什么？猫头鹰老师说，地震是地下岩层破裂、坍（tān）塌造成的地面晃动。猫头鹰老师考小步，**下面哪些活动可能引发地震？**快去帮帮小步吧！

① 板块运动

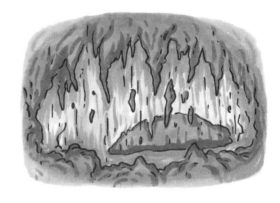

② 地下溶洞坍塌

③ 火山爆发

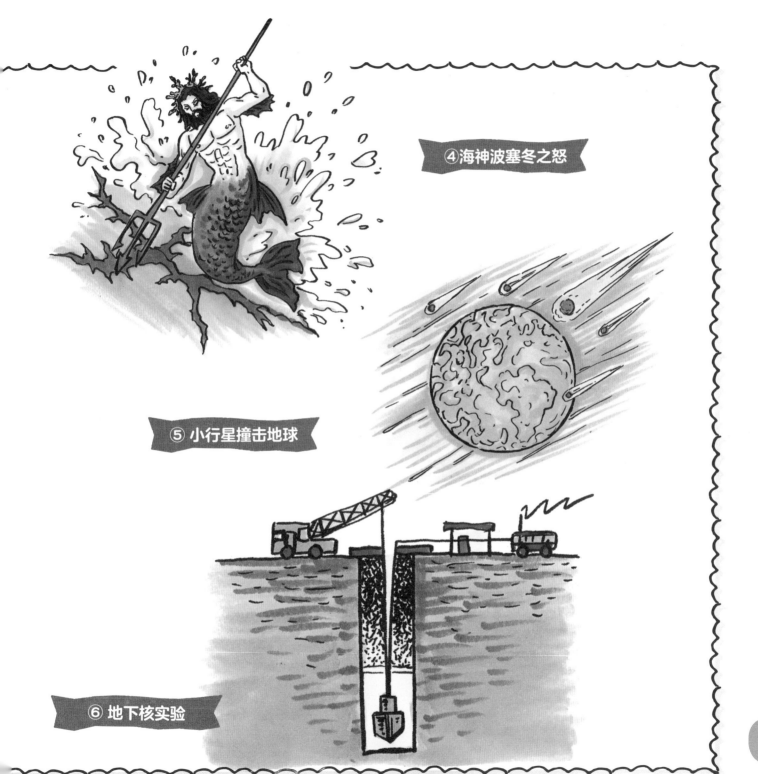

④海神波塞冬之怒

⑤ 小行星撞击地球

⑥ 地下核实验

石头中的波纹

如果向河里扔一块石头，河水表面会产生一圈一圈的波纹。当地下岩石碎裂坍塌时，也会产生类似的向周围扩散的波纹，这就是**地震波**。地震波既能给人带来灾难，也能帮人深入了解地球。

地下岩层碎裂的地方，是地震的源头，我们称为"**震源**"。震源在地面上的垂直"投影"称为"**震中**"。现在，给图上画框的地方标上名字吧！

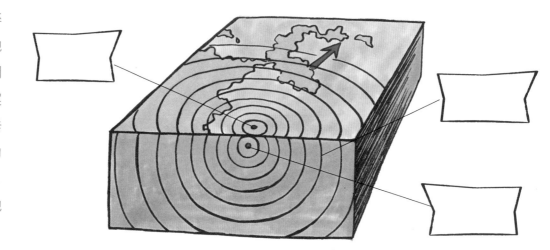

在地球内部传播的地震波，主要有这样两种：

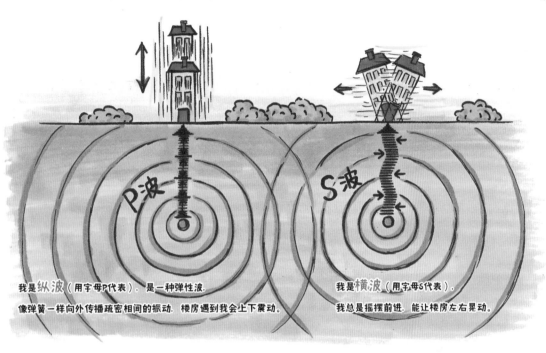

我是纵波（用字母P代表），是一种弹性波，像弹簧一样向外传播疏密相间的振动，楼房遇到我会上下震动。

我是横波（用字母S代表），我总是摇摆前进，能让楼房左右晃动。

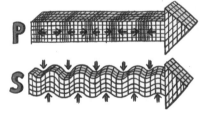

小步和伙伴们正在模仿这两种波的传播方式呢，你能认出他们模仿的是哪种波吗？

通过实际观测，人们发现 S 波只在固态介质中传播；而 P 波能够在固、液、气态的介质中传播，只是通过不同状态的介质时，方向、速度会变化，就像被人故意弯折了一般。地质学家就是根据地震波的这类特点，再加上一些复杂的推导，来描绘地下的结构的。

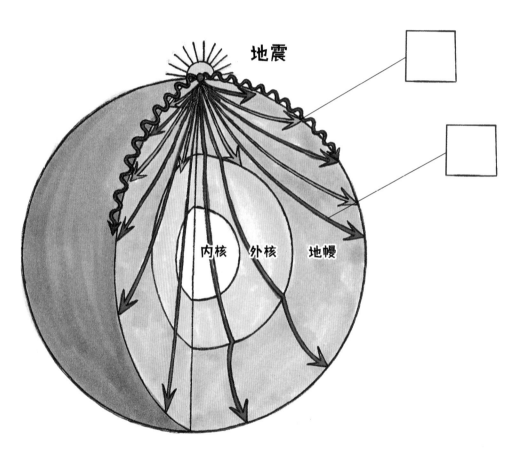

地震

内核　外核　地幔

某地的地震波正穿过地球，你能叫出这两种波的名字吗？把它们标在图上！

横波无法穿过外核这层区域，但是再往里到达内核之后，人们却发现了微弱的横波（它们是由穿过外核的部分纵波转化而来的），所以你推测地球外核是_____

A. 固态的　　　　B. 液态的　　　　C. 气态的

距离/千米	P波/分	S波/分
500	1.0	2.0
1000	2.0	4.0
1500	3.0	6.0
2000	4.0	7.5
2500	5.0	9.0
3000	6.0	10.5
3500	7.0	12.0
4000	7.5	13.0

经过相同的距离，P波和S波需要的时间不一样。猫头鹰老师让大家把上面的数据标在坐标图上，然后把代表P波和S波的点分别连接起来。

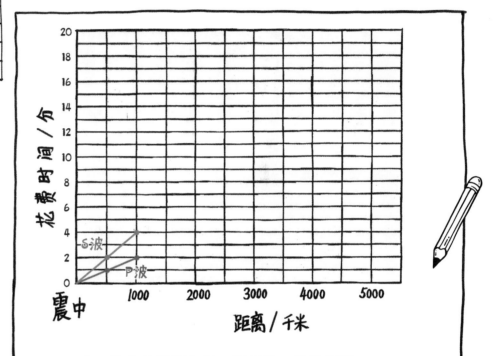

瞧，散乱的数据变得一目了然。从坐标看：

在相同的时间内，_____波跑得更远。

距离震中越远，P波和S波到达的时间相差越_____。

距离震中_____千米时，P波和S波到达的时间相差5分钟。

说一说，地震发生后，为什么房屋总是先上下颠簸，然后再左右摇晃？（想一想两种地震波有什么特点。）_____

解读大地的语言

地震波是大地的语言，它试图告诉我们地下正在发生什么，可怎么读懂它呢？科学家发明了"地震仪"来捕捉它。当地震发生时，地震仪的尖笔受到震动，会在纸上划出一串奇怪的"文字"（形状像心电图），形成地震图。再将地震图翻译、解读，就能知道地下的秘密了。

现在，一起来看看地震仪是怎么记录大地语言的吧！某地发生了地震，速度快的P波总是能先到达地震仪所在的位置。仪器就会先记下P波产生的晃动，像这样：

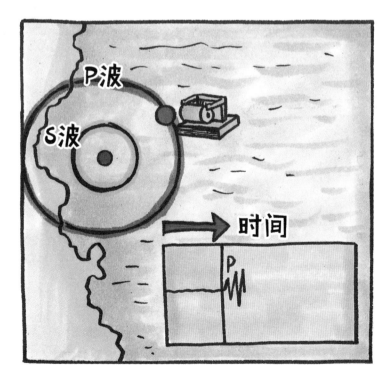

P波

S波

时间

P

P波离开后不久，S波抵达。地震仪紧接着记下S波产生的晃动。

你瞧，地震图上的"文字"只是看起来匪夷所思，其实并不难解读。下面这幅地震图，已经做了部分解读，你能完成剩下的部分吗？

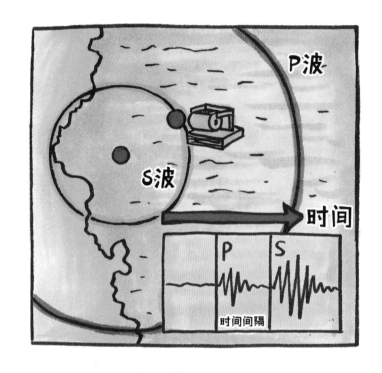

P波

S波

时间

P

S

时间间隔

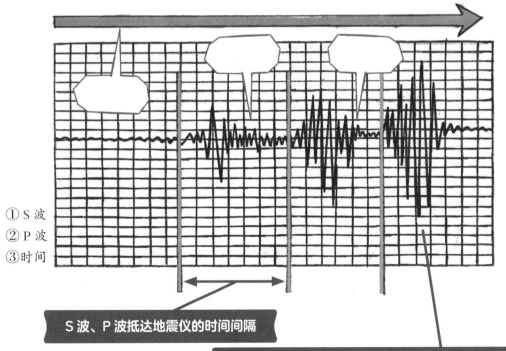

① S波
② P波
③ 时间

S波、P波抵达地震仪的时间间隔

地面波：由S波和P波交错产生，它跑得最慢。

地震图会告诉远在千里之外的人，哪里发生了地震。猫头鹰老师向大家展示了日本一次地震的3幅地震图，它们分别是在日本的秋田、水户、东京记录的。仔细观察这3幅图，帮小步回答下面的问题吧！

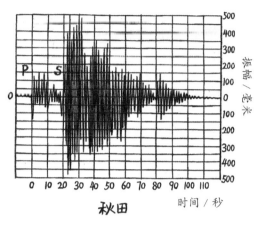

秋田　时间/秒

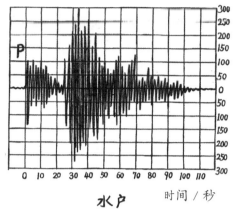

水户　时间/秒

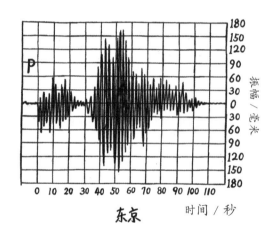

东京　时间/秒

S波和P波到达秋田时，时间相差_____秒。

S波和P波到达水户时，时间相差_____秒。

S波和P波到达东京时，时间相差_____秒。

A.25　　B.31　　C.19

S波和P波到达的时间差越大，说明这个城市离地震中心越_____（远/近）。所以，三个城市中离震中最远的是_____。

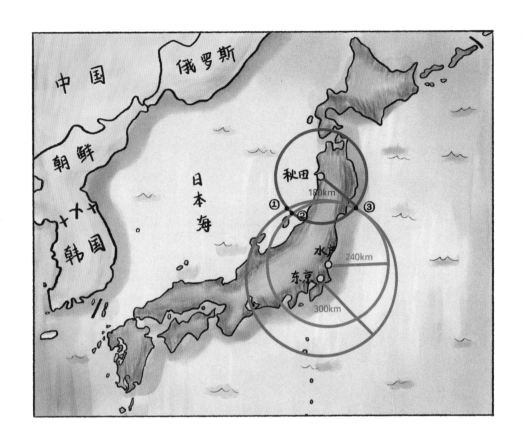

根据两种地震波的速度变化、抵达的时间差，猫头鹰老师算出秋田、水户、东京到地震震中的距离分别是：180 千米、240 千米、300 千米。以 3 个城市为圆心，到震中的距离为半径，他画出了 3 个圆。猜一猜，地震发生在①②③哪个点的位置上？

地震发生时，至少需要 _____ 个地震观测台站的数据，才能找到地震的准确位置。

A.1　　B.2　　C.3　　D.4

地震的量尺

人类喜欢计量一切，称量物体的轻重，记录时间的快慢，比对温度的高低……因为，计量能找到不同现象背后相互联系的规律，科学就会发展起来。**你知道上面这些物品是做什么用的吗？**

那么地震是不是也可以计量呢？

当然，我们用"震级"来计量地震的大小。随着距离变远，地震波的能量会逐渐减弱，振动幅度也越来越小。根据这个现象，一个名叫查理·里克特的美国地震学家发明了一种利用到震中的距离、地震波振动幅度来测量、划分地震等级的方法，这就是"里氏震级"。

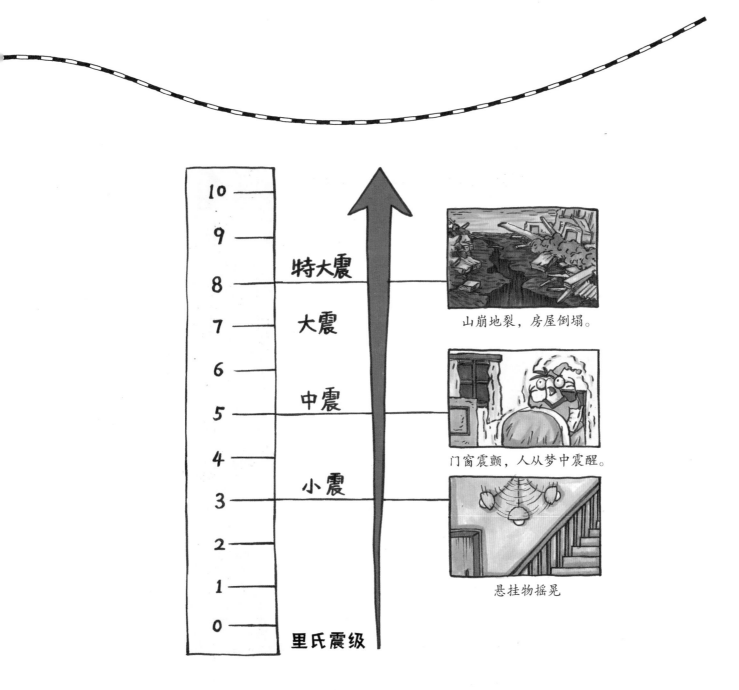

山崩地裂，房屋倒塌。

门窗震颤，人从梦中震醒。

悬挂物摇晃

里氏震级

在里氏震级中，数字越大，表示地震越_____（强 / 弱）。

按照这个量表，上述震醒小步的唐山地震属于_____。

A. 小震　　B. 中震　　C. 大震　　D. 特大地震

地震波的振动幅度被称为"振幅"，就是地震图上位于中央线以上（或以下）的部分！

这段地震波的最大振幅为380毫米

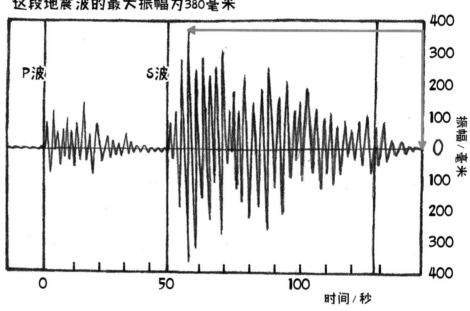

P波 S波

振幅／毫米

时间／秒

找到之前日本地震的3幅地震图，记下秋田、水户、东京三地地震波的最大振幅，然后完成下面这一数据表。

地震台站	S波-P波时间差/秒	至震中距离/千米	地震波振幅/毫米
秋田		180	
水户		240	
东京		300	160

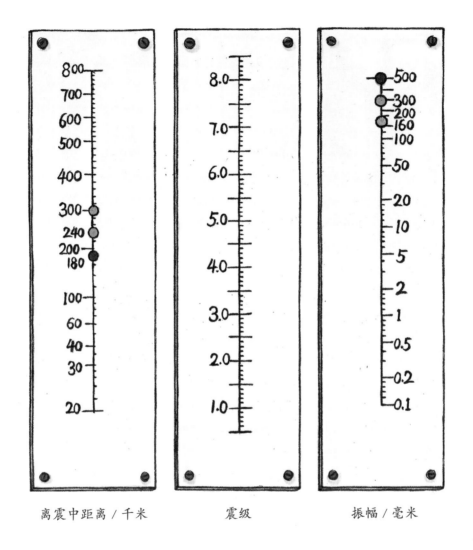

离震中距离 / 千米   震级   振幅 / 毫米

刚刚的数据已经在三个量表上标好了，现在把颜色一致的点连起来吧！

三条线交会处对应的数字是_____，它是日本这次地震的震级。

A.5.6   B.6.2   C.7.2   D.6.8

大熊猫说这是一次大地震，他说的对吗？ _____

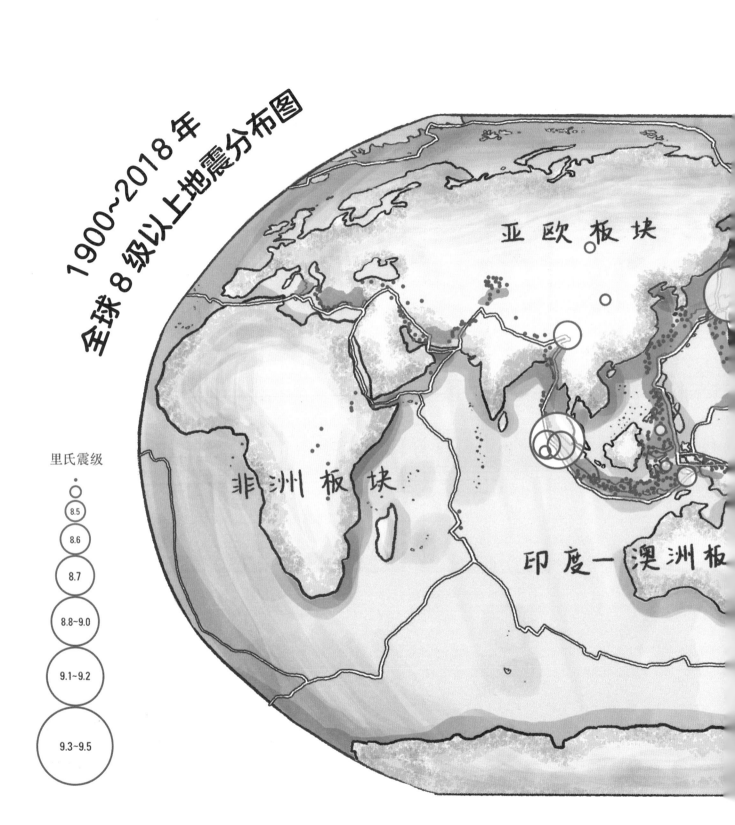

全球 8 级以上地震分布图
1900~2018 年

亚欧板块

非洲板块

印度—澳洲板

里氏震级
○
8.5
8.6
8.7
8.8~9.0
9.1~9.2
9.3~9.5

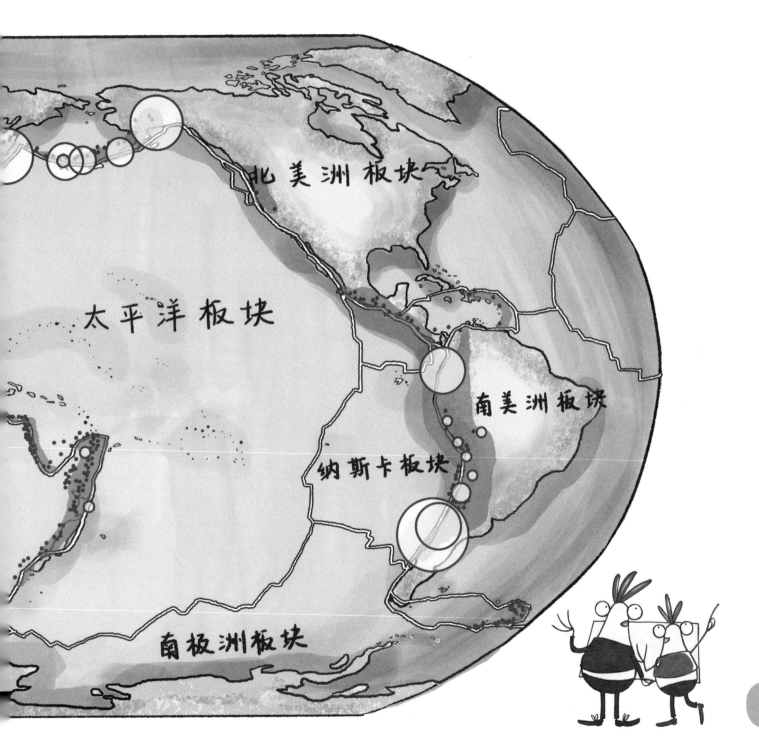

北美洲板块

太平洋板块

南美洲板块

纳斯卡板块

南极洲板块

小步整理了近百年来全球 7 次
大地震的信息，你能帮他在地图上
标出这些地震的位置吗？

序号	日期	名称	震级	位置
A	1906.01.31	厄瓜多尔-哥伦比亚地震	8.8	南美洲，赤道附近
B	1952.11.04	堪察加半岛地震	9.0	俄罗斯东部
C	1960.05.22	智利瓦尔迪维亚地震	9.5	南美洲西南部
D	1964.03.28	阿拉斯加威廉王子湾地震	9.2	北美洲西北部
E	2004.12.26	印度洋地震	9.1	印度尼西亚附近
F	2010.02.27	智利康塞普西翁地震	8.8	南美洲西南部
G	2011.03.11	东日本大地震	9.1	日本东北部

至今，世界上最大的地震发生在＿＿＿＿＿，
它的震级是＿＿＿＿。

这些大地震分布的位置是不是有些眼熟
呢？它们大多位于＿＿＿＿沿岸。

A. 印度洋　　B. 大西洋

C. 北冰洋　　D. 太平洋

小步推测，近百年来，全世界 8 级以上
的地震，大多是由＿＿＿＿引发的。

A. 行星撞击地球　B. 海底滑坡

C. 板块运动　D. 火山爆发

地震震级增长的方式，和小步身高变高的方式不同。地震每提高一级，地震能量相差大约 32 倍，提高两级，能量相差约 1000 倍。曾经炸毁日本广岛的原子弹，如果在地下爆炸，释放的能量相当于一个 5.5 级地震。这样算来，2008 年汶川的 8 级地震，相当于一千多颗广岛原子弹同时在地下爆炸。

都是增加1 差距竟然这么大！

小步增高1厘米

地震增大一级

1

2

最可怕的是，一次地震通常只持续十几秒到几十秒，最长不超过 10 分钟。巨大的能量在瞬间释放，能摧毁一切。以现在的技术，还不能预测地震何时到来，一旦它突然袭击，人们很难有足够的逃生时间。

突然遭遇地震，怎么办？

如果遭遇地震，最好的办法不是**撒腿就跑**，而是就近找个**能够掩护**的地方。等晃动停止，再判断要不要逃往别处。下面这几种反应，你觉得哪些可取，哪些不可取？_____

①远离门和窗户

②用书包或垫子保护头部

③躲在课桌的下面

④把车停在立交桥下

⑤躲进教学楼里

⑥在操场上，马上蹲下或趴下

⑦乘坐电梯逃生

地震的后遗症

那是不是忍过几分钟的晃动，一切灾难就结束了？

并不是，虽然地震持续时间短暂，但会留下严重的"后遗症"。其中，最严重的就是海啸。

1960年智利发生了人类史上最大的地震。它不仅生成了3座新火山，让6座死火山重新喷发，还引发了20世纪最大的一次海啸。海啸摧毁了智利沿岸16万栋房屋，还横扫太平洋，在日本东岸掀起近3层楼高的海浪，数千房屋、2万亩良田被淹没，15万人无家可归。

海啸是由海底岩层震动产生的**巨型海浪**。世界上平均每 4 次海啸中，就有 3 次是地震造成的，不过，只有超过 6.5 级的地震才有这样的本事。

猫头鹰老师在纸上画了一条想象中的海啸波，真正的海啸波不会这样均匀、规矩。和他一起认识一下海啸波吧！

山有山峰和山谷，海啸波也有它的波峰和波谷。根据图上已有的线索，小步推测①叫作＿＿＿＿，②叫作＿＿＿＿，①和②之间的高度差称为＿＿＿＿。

普通风浪

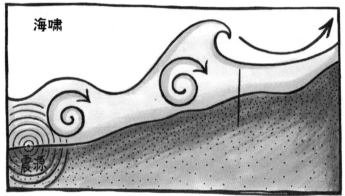

海啸

震源

普通的海浪，一般是由风吹动产生的，它们通常在 _____ 起伏。海啸是从 _____ 的整个水体在运动。因此，海啸移动的速度会受海水深度的影响。

A.海底到海面　　B.海面　　C.海底

变化的海啸

海啸经过深海时，相邻两个浪头的距离，有时比三四个北京城（东西宽160千米）连起来还要长；而浪高往往只有1米，甚至更矮。这时的海啸，温顺得像只小绵羊，比地上的矮坡还要平缓得多，连身在其中的船只都很难察觉。

等海啸靠近海岸，进入浅水区，浪头间的距离会急剧缩短，很多能量会被转移来增加海浪高度，这时海啸会变成"身高"几米甚至几十米的"巨怪"，露出它可怕的一面。

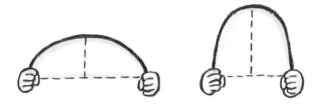

　　海啸波为何这样？现在，不妨拿根铁丝来粗略地比拟。把铁丝按上面两种方法弯折，会发现铁丝两头离得越远，弯出的弧越矮；两头离得越近，弯出的弧越高。

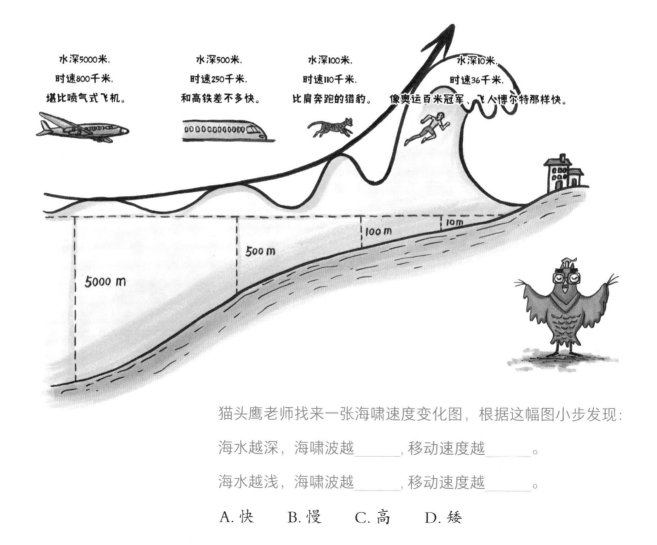

水深5000米，时速800千米，堪比喷气式飞机。

水深500米，时速250千米，和高铁差不多快。

水深100米，时速110千米，比肩奔跑的猎豹。

水深10米，时速36千米，像奥运百米冠军、飞人博尔特那样快。

5000 m

500 m

100 m

10 m

猫头鹰老师找来一张海啸速度变化图，根据这幅图小步发现：

海水越深，海啸波越＿＿＿＿＿＿，移动速度越＿＿＿＿＿＿。

海水越浅，海啸波越＿＿＿＿＿＿，移动速度越＿＿＿＿＿＿。

A. 快　　B. 慢　　C. 高　　D. 矮

一艘小船在海上遇到了海啸，根据你学到的知识，你会建议船长把船开往哪个方向？用箭头在图上画出来吧！

海岸

海啸的预警

宽阔的海洋如同一条平坦的高速公路，让海啸能够极速狂飙，把一个地方的震动，迅速传递到大洋沿岸的各个城市，给那里带去突如其来的灾难。

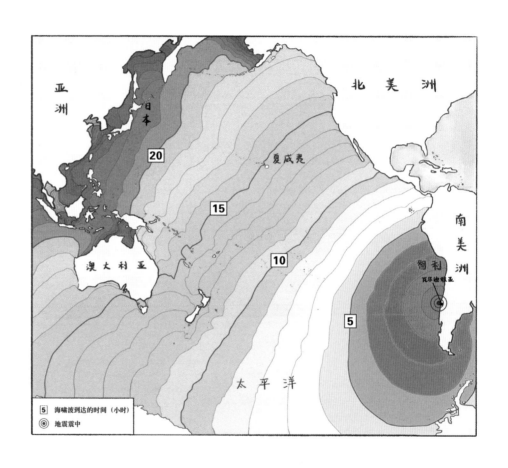

亚洲

北美洲

日本

20

夏威夷

15

南美洲

澳大利亚

智利

10

瓦尔迪维亚

5

太平洋

5 海啸波到达的时间（小时）
◎ 地震震中

1960 年智利地震引发的，就是具有跨洋能力的大海啸。从这幅图来看，海啸从智利到达夏威夷群岛，大约花费了_____小时，到达日本用了_____小时，差不多一天时间，它就袭击了_____沿岸各处。

A.印度洋　　B.大西洋　　C.北冰洋　　D.太平洋

假如有一个警报系统能提醒住在海边的人，几小时后海啸可能到达，一定可以减少伤亡。目前，太平洋沿岸就装有这样一个海啸警报系统——**太平洋海啸预警中心**（缩写PTWC），它的"心脏"位于太平洋中部的夏威夷群岛上。这个系统能收集和交换各国的地震和潮汐数据，一旦大洋中发生6.5级或以上的地震，它就会向参与国发出海啸预警。

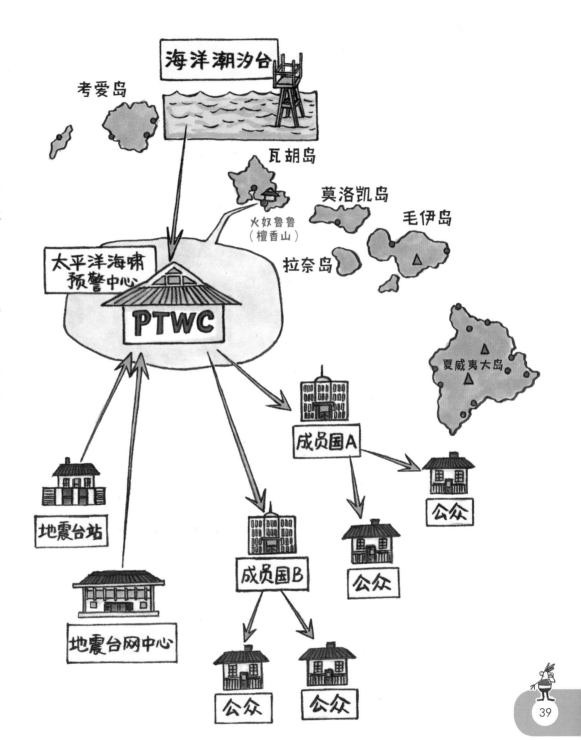

当你在海上遇到下面这样的漂浮物，请向它致敬。它叫作海洋浮标，是一位勤勤恳恳的"海洋警卫员"，日日夜夜监测着海面高度、海水压力的变化，并将数据发送给卫星。它是海啸监测系统中的重要组成部分。

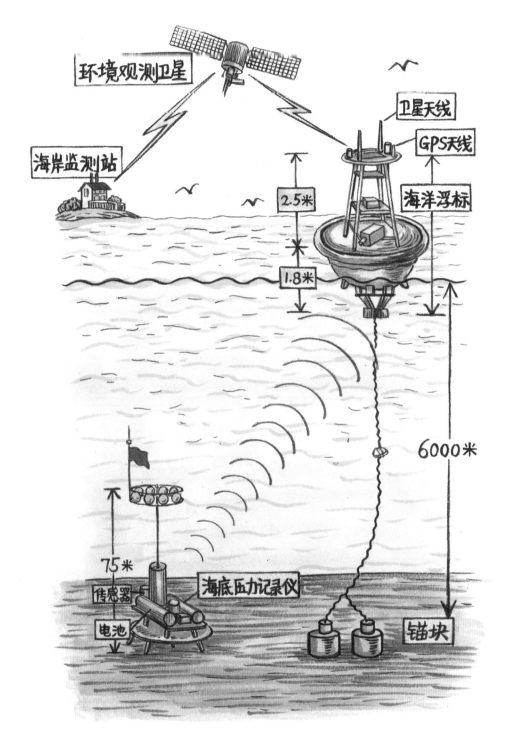

环境观测卫星

海岸监测站

卫星天线

GPS天线

海洋浮标

2.5米

1.8米

6000米

75米

传感器

电池

海底压力记录仪

锚块

为什么地震不能预报，海啸却可以呢？

大部分海啸是地震引起的。地震波比海啸波跑得更快，如果它们同时出发，海啸波会被远远甩开。但与电磁波（手机、卫星都是靠它传递信号）相比，它们都像乌龟那样慢。3种波速度不同产生的时间差，使海啸预警成为可能，也给人们争取了更多逃生的时间。

海啸的力量

在日本，预计有 20 厘米高的海啸时，气象局就会预警。你一定很奇怪，20 厘米还不到小孩的膝盖呢，是不是太小题大做了？试想，有一块 20 厘米高的砖头朝你的小腿飞来，你要不要躲开？如换成一道 20 厘米高的墙呢？千万别把海啸当成平静柔软的小溪，当它快速朝你拍来的时候，力度不亚于一堵墙。

↓ 20 厘米高的海啸，能将人冲倒。　　　　　　　↓ 50 厘米高的海啸，能托起汽车。

↑当海啸高 2 米时，能瞬间毁坏木制房屋。　　　↑海啸超过 20 米高，钢筋混凝土楼房也难以抵挡。

✚ 准备灾难急救包 ✚

可怕的地震和海啸，谁都不希望碰到。不过，万一遇上，多一些准备就多一分存活的机会。大灾难常常会毁掉城市的水、电和天然气系统，而且一时半会儿很难恢复，所以别忘记准备防灾物资。小步列了一份灾害应急包的清单，你也一起看看吧，然后说一说这些东西都有什么用！

1. 至少三天的水：每人每天需要 3 升水，算一算你家至少要准备多少应急淡水？

____（人）×____（天）×____（升）

=____（升）

2. 至少三天不易变质的食物

3. 电池供电或手摇收音机

4. 手电筒

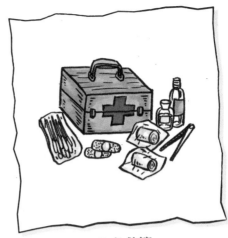

5. 急救箱

6. 口哨

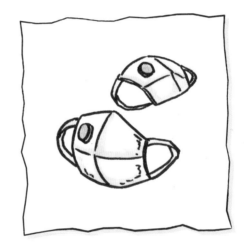

7. 防尘口罩

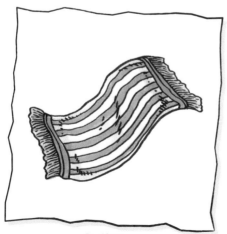

8. 毯子

9. 扳手或钳子等工具

答案
ANSWERS

第12页

能引发地震的是：①②③⑤⑥。（提示：波塞冬确实有让大地震颤的能力，可惜他只存在于神话中，所以不选④。）

第14页

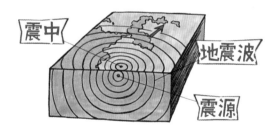

第15页

P波

S波

第16页

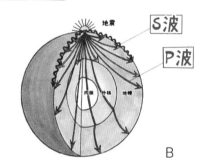

B

第17页

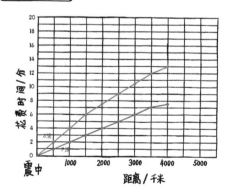

P 大 3500
P波传播速度快，它总是比S波先到达目的地。P波能让房屋上下震动，而S波会让房屋左右摇晃。

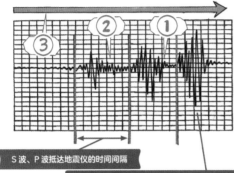

S波、P波抵达地震仪的时间间隔

地面波：由S波和P波交错产生，它跑得最慢。

C A B
远 东京

③ C

天平：称量物体的质量。

量勺：测量粉末或颗粒状物体的质量。

量杯：测量液体的体积。

压力计：测流体的压力。

温度计：测量温度。

强 B

地震台站	S波-P波时间差/秒	至震中距离/千米	地震波振幅/毫米
秋田	19	180	500
水户	25	240	300
东京	31	300	160

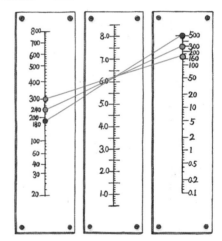

B 大熊猫说的不对

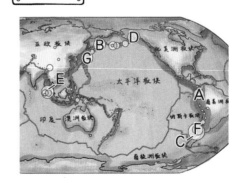

47

第28页

智利附近 / 南美洲西南部　9.5

D　C

第30页

①②③⑥可取，④⑤⑦不可取。（提示：地震发生时门窗极易变形、倒塌，所以应远离门窗。）

第33页

波峰　波谷　波高

第34页

B　A

第36页

D　A

C　B

第37页

应该远离海岸，朝深海区驶去。（提示：越靠近海岸，海啸波越高，船越容易翻，深海区海啸波反而低缓。）

第38页

15　22　D

第44页

 假设是一家三口，那么你需要准备至少27升应急淡水。（提示：3×3×3=27）

 灾难发生后的72小时，是受灾者存活率极高的黄金救援期，所以急救包里的水和食物至少配备3天的量。

 地震会破坏供电系统，使通信中断，电池供电或手摇收音机能帮助人长时间与外界保持联系、了解灾情，以避险自救。

 安全的照明工具，能帮助被困者向他人求救。

 及时处理皮外伤。

用于呼救。3声短哨加3声长哨，再加3声短哨，为一轮，这是国际通用的紧急呼救信号。

隔绝地震引起的粉尘和
腐臭。

 防寒保暖。

 应对多种突发状况。

审图号:GS（2022）2722号

此书中第10、21、26、27、38、47页地图已经过审核。

图书在版编目（CIP）数据

这就是地震 / 郑利强主编；蔡志燕著；段虹，梁顺子，杨洁绘. —— 北京：电子工业出版社，2022.6

（有趣的地理知识又增加了）

ISBN 978-7-121-42985-9

Ⅰ.①这… Ⅱ.①郑… ②蔡… ③段… ④梁… ⑤杨… Ⅲ.①地震－少儿读物 Ⅳ.①P315-49

中国版本图书馆CIP数据核字（2022）第032368号

责任编辑： 季　萌

文字编辑： 邢泽霖

印　　刷： 北京利丰雅高长城印刷有限公司

装　　订： 北京利丰雅高长城印刷有限公司

出版发行： 电子工业出版社

　　　　　 北京市海淀区万寿路173信箱　邮编：100036

开　　本： 889×1194　1/12　印张：42　字数：213.6千字

版　　次： 2022年6月第1版

印　　次： 2025年2月第3次印刷

定　　价： 198.00元（全8册）

凡所购买电子工业出版社图书有缺损问题，请向购买书店调换。若书店售缺，请与本社发行部联系，联系及邮购电话：（010）88254888，88258888。

质量投诉请发邮件至zlts@phei.com.cn，盗版侵权举报请发邮件至dbqq@phei.com.cn。

本书咨询联系方式：（010）88254161转1860，jimeng@phei.com.cn。